爸到厨房 ——
孩子就爱吃的
亲子营养餐

邱文辉 ◎ 著

海峡出版发行集团
THE STRAITS PUBLISHING & DISTRIBUTING GROUP

福建科学技术出版社
FUJIAN SCIENCE & TECHNOLOGY PUBLISHING HOUSE

图书在版编目（CIP）数据

爸到厨房：孩子就爱吃的亲子营养餐 / 邱文辉著 . —福
州：福建科学技术出版社，2020.10
ISBN 978-7-5335-6137-6

Ⅰ.①爸… Ⅱ.①邱… Ⅲ.①儿童－保健－食谱
Ⅳ.① TS972.162

中国版本图书馆 CIP 数据核字（2020）第 060105 号

书　　名	**爸到厨房——孩子就爱吃的亲子营养餐**
著　　者	邱文辉
出版发行	福建科学技术出版社
社　　址	福州市东水路 76 号（邮编 350001）
网　　址	www.fjstp.com
经　　销	福建新华发行（集团）有限责任公司
印　　刷	福建彩色印刷有限公司
开　　本	889 毫米 ×1194 毫米　1/16
印　　张	7.5
图　　文	120 码
版　　次	2020 年 10 月第 1 版
印　　次	2020 年 10 月第 1 次印刷
书　　号	ISBN 978-7-5335-6137-6
定　　价	68.00 元

书中如有印装质量问题，可直接向本社调换

把"垃圾食品"做出
"家"和"爱"的营养

因为自己家里从事过餐饮行业的缘故，对这个行业的"卫生健康问题"深有体会。说白了就是食材和做法，在企业追求利润的时候，品质难以保证——这是商业的原罪。

所以我尽量自己做。特别是孩子最爱的煎炸类"垃圾食品"，更要自己动手。

比如"黄金芝士虾球"，这种外酥里嫩的小食，用优质、干净的食材和油，是没那么容易"上火"的；比如"汉堡"，从面包到蔬菜、芝士、牛肉，都是亲手烹制，热量得以控制，一点都不"垃圾"。

即便中餐，比如"咸蛋黄焗小龙虾"，每一个处理环节都足以放心让孩子食用，如果你点一份小龙虾外卖，也就我们"五毒不侵"的身体可承受，你敢让孩子试试吗？

所以，"爸到厨房"并不忌讳那些高热量、高脂肪的"垃圾食品"，因为那是味蕾的本能，是孩子的天性。而我能做的，就是适当满足孩子的食欲，又尽量用健康的食材和做法，替代商家的"工业食品"。

所以，这世上并没有"垃圾食品"，只有垃圾的食材和做法。

更何况，很多时候，可以让孩子加入厨房，这也是一种很好的亲子体验。

我儿子读小班的时候，4周岁半已经能做一些简单的菜了，比如"虾仁炒蛋"。娃是认真的，看上去有些天分的样子。其实是耳濡目染，

爸爸业余时间做"爸到厨房"，在家里或工作室做饭拍摄，娃也看习惯了，有时候会模仿爸爸，并且要求给他拍下来。

我把儿子炒蛋的视频发在网络平台上，播放量轻松破100万，毁誉参半。批评大多是：家长心真大，烫伤了咋办？太不负责任了！我回复：烫伤了就用冷水冲洗，然后涂药呗。赞同者认为，孩子就该这么培养，厨房危险大人看仔细就是了。

孩子说："我还要煮大螃蟹，我要当大厨师！"他说的是帝王蟹，他吃过，一直想挑战这种庞然大物。

我跟太太开玩笑，如果儿子不会读书，那就去烹饪学校学厨艺，找个酒店实习，然后申请去法国蓝带厨艺学院，学得一手大餐，以后还愁会养不活自己？

万一真成米其林大厨呢！还拼什么学区房？这不正是爸爸期待的吗？

倡导爸爸进厨房，是为了把爸爸拉回到家庭生活中，更多地参与孩子的成长进程中。周末抽空给孩子做一顿饭，哪怕手艺差一点，也是一种美妙的亲子体验。

这就是我作为一个爸爸的心得——我不是专业厨师，但这本菜谱接地气，也不乏创意，美味和营养兼顾——我做得到，相信你也能做到。

厨房，也是绝佳的亲子场所。即便是垃圾食品，也可以做得有"家"和"爱"的营养。这便是"爸到厨房"最重要的意义。

Q爸

2020 年 6 月

C ONTENTS
目 录

第三部分 主食类

第四部分 甜品类

第五部分　小食类

第六部分　烘焙类

第一部分
早餐类

备菜时间：15分钟　烹饪时间：60分钟

蘑菇奶黄包

扫码边看边学

　　这是一款蘑菇造型的奶黄包，以假乱真的外观能激发孩子的好奇心，一定会让孩子胃口大开。

面皮蓬松且有劲道，奶黄馅鲜艳又香气四溢，创意十足的大蘑菇造型怎能不吸引孩子？

□营养特色

为孩子提供必需的热量和蛋白质，作为主食，特别是早餐，配上一杯豆浆或牛奶，可以开启孩子一天的味蕾。

食材准备

黄油 30 克

细砂糖 50 克

鸡蛋 1 个

吉士粉 15 克

澄粉 10 克

糖 10 克

面粉 100 克

水 50 克

牛奶 70 克

酵母 1.5 克

可可粉适量

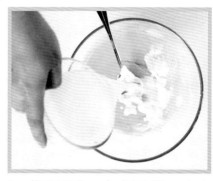

1. 黄油融化，加细砂糖、吉士粉、澄粉，加黄油拌匀。打入一个鸡蛋搅拌，再加牛奶搅拌成均匀的面糊。

2. 沸水上锅，大火蒸15分钟，每5分钟开盖搅拌，确保蒸熟，蒸好的奶黄馅盖上保鲜膜，放冰箱冷藏1小时。

3. 碗里倒入面粉、细砂糖、酵母粉和温水，揉成团后发酵30分钟，直到面团明显变大，扒开看到明显的气泡。

4. 面团重新揉一遍排气，分成4份大面团和4份小面团。大面团压扁后，四周捏薄，然后取一小勺奶黄，包成小圆球。

5. 用手稍微压扁圆球，然后倒扣在可可粉中，蘸上一层粉，就形成蘑菇的伞面，小面团揉成菇腿形状。

6. 放入底部有热水的蒸锅中，盖上锅盖，继续发酵20分钟。最后冷水上锅大火蒸15分钟，关火焖3分钟。

7. 菇伞底部用小刀挖出一个小洞，插入蒸好的菇腿，就形成一个逼真的大蘑菇了。

蛋炒多士

扫码边看边学

蛋炒多士是很有代表性的港式早餐，焦脆的吐司、松软的炒蛋、细滑的牛油果，还夹杂着酥脆的碧根果，再搭配一杯果汁或牛奶，就是一份非常有内涵的早餐了。

食材准备

吐司
2片

鸡蛋
2个

淡奶油
20克

黄油
20克

牛油果
半颗

碧根果
若干

黑胡椒粉
少许

盐
少许

Q爸提示

炒蛋的配方，严格按照1个全蛋加1个蛋黄的比例。鸡蛋跟淡奶油混合后，炒出的蛋就会有非常松软嫩滑的口感，和我们平时吃的炒蛋风格完全不一样，还有淡淡的奶油香味。

■营养特色

鸡蛋、牛油果、碧根果都具有很高的营养价值，而且搭配合理，适合所有人群。

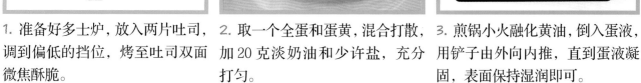

所有鸡蛋的做法中，这是最嫩的效果，且含有浓郁的奶油香甜味，孩子一定非常爱吃。

1. 准备好多士炉，放入两片吐司，调到偏低的挡位，烤至吐司双面微焦酥脆。

2. 取一个全蛋和蛋黄，混合打散，加20克淡奶油和少许盐，充分打匀。

3. 煎锅小火融化黄油，倒入蛋液，用铲子由外向内推，直到蛋液凝固，表面保持湿润即可。

4. 然后快速将炒蛋铺在烤好的吐司上面，洒上少许黑胡椒粉，就是一道很基础的港式蛋炒多士了。

5. 有时间的话，推荐一种更丰富的做法。取半颗牛油果，切片，均匀铺在炒蛋上面。

6. 剥几个碧根果，果肉掰碎，洒在牛油果和面包上，就是一道有美式风格的早餐了。

双皮奶

扫码边看边学

　　牛奶和蛋清蒸制出来的甜品，还可以搭配孩子喜欢的水果，健康、营养、美味三者兼顾。有段时间，我就把这个当作早餐给孩子吃。不过要记得，少放点糖，吃太甜可不好！

食材准备

全脂牛奶
200 克

鸡蛋
1 ~ 1.5 个

细砂糖
5 克

红火龙果
少许

🍴营养特色

牛奶和鸡蛋都含有优质蛋白，水果也有孩子需要的维生素且热量不高，再加少许主食，就是一份搭配科学的早餐了。

Q 爸提示

1. 最好选用全脂牛奶，更容易形成奶皮，用日常喝的纯牛奶也可以。

2. 制作双皮，在第一步倒出牛奶时，可以用牙签辅助，确保奶皮完好覆盖在碗底，后面用有漏嘴的容器，才能准确将奶装回原样，这样就能形成完整的双皮。

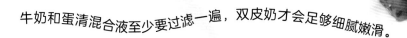

牛奶和蛋清混合液至少要过滤一遍，双皮奶才会足够细腻嫩滑。

1. 将全脂牛奶倒入锅中中火煮到冒小泡，煮沸前倒入碗里。

2. 撇除浮沫，通风处放凉20分钟，直到表面形成一层奶皮。

3. 鸡蛋分离出蛋清，加细砂糖打匀，用牙签拨开奶皮，牛奶倒入蛋清中，碗里留一点点奶，防止奶皮粘住碗底。

4. 打匀牛奶和蛋清，用筛子过一遍，滤掉蛋清颗粒，然后把奶液装入有"尖嘴"的容器。

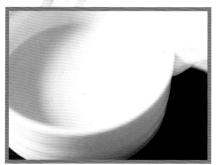

5. 找到原来倒出牛奶的口子，缓缓倒回碗里，这时候可以看见原来的奶皮又浮起来了。

6. 用保鲜膜包好，放入冷水锅中，大火蒸10分钟即可。

7. 切一些红火龙果，切成小丁，点缀在双皮奶上。冷藏后风味更佳。

蓝莓煎饼

扫码边看边学

这是一道快手早餐，麻利的话 20 分钟就能完成。在吃煎饼的时候，蓝莓在嘴里有爆浆的感觉，酸甜的果浆，配合松软的煎饼，滋味非常美妙。

□营养特色

面粉和糖提供必要的热量；
鸡蛋、牛奶提供优质蛋白质；
黄油提供脂肪，但要注意用
油量不宜过多。

食材准备

面粉	泡打粉	鸡蛋	牛奶	细砂糖	蓝莓	盐黄油
100克	2克	1个	100克	15克	50克	50克

这道松软的蛋饼，有蛋香和奶香味，也可以加一些桂花糖别有风味。

1.将面粉、泡打粉、细砂糖倒入
碗中，搅拌均匀。

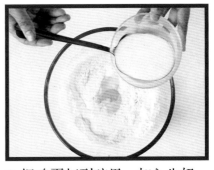

2.把鸡蛋打到碗里，加入牛奶，
搅拌成细腻无干粉的蛋糊。

3.蓝莓洗净，加到面糊中，轻轻
拌匀，防止压碎蓝莓。同时准备
煎锅，中火加热。

4.中火热锅，加热黄油，舀一勺
面糊入锅，摊圆，20秒后翻面，
反复2~3次，直到双面金黄微焦。

5.煎的过程要小心，防止蓝莓爆
浆，经常翻动，直到煎饼熟透。

早餐燕麦

扫码边看边学

　　这道早餐由燕麦、水果、坚果等混合而成，富含膳食纤维和碳水化合物，各种营养搭配也很合理，绝对不枉费您提早半小时起床下厨。

食材准备

燕麦片
100 克

核桃
30 克

碧根果
30 克

松子
15 克

南瓜籽
15 克

黄桃干
少许

葡萄干
少许

菠萝干
少许

牛奶
200 克

蜂蜜
30 克

油
20 克

▢营养特色

低热量、高营养的坚果燕麦片，富含维生素、膳食纤维等，能帮助胃肠蠕动、瘦身减脂，还能增强身体免疫力。

1. 事先取出核桃、碧根果的果仁，切碎备用，或者用手稍微掰碎即可。

2. 中火热锅，加食用油和蜂蜜，改小火加热，直到它们完全融化在一起。

3. 倒入燕麦片、南瓜籽和其他坚果碎，让所有材料都均匀蘸到蜂蜜，熄火放凉。

这种吃法在传统中式饮食中比较少见，泡着牛奶吃，别有一番风味。

Q 爸提示

如果家里没有烤箱，可以把原来的煎锅刷洗干净，然后用中小火把麦片焙熟、焙干，做出的效果也差不多，但注意要经常翻动麦片混合物，确保受热均匀。还可以尝试其他干果、坚果或种子，如热带水果、榛子或南瓜子都很好吃。

4. 烤箱200℃预热5分钟，混合物放入烤10分钟至边缘金黄色、燕麦成簇状即可。

5. 把菠萝干和黄桃干切成小丁，和葡萄干一起放入烤盘拌匀。

6. 冷却后把燕麦团装到碗里，可以根据个人口味加牛奶或酸奶。

玉米面甜甜圈

扫码边看边学

推荐一款精致的粗粮早餐——玉米面甜甜圈。从颜值到营养，从口感到味道，都很适合当作孩子的早餐。

食材准备

面粉
150克

牛奶
135克

玉米面
100克

细砂糖
10克

干酵母粉
3克

植物油
3克

蔓越莓干
适量

核桃仁
适量

鸡蛋（取蛋黄）
1个

▢营养特色

玉米面完全保留了玉米的营养成分和调理肠胃的功能，并改善了粗粮食品口感不好和不易消化的缺点，富含膳食纤维。老人、孩子日常多食用有益健康。

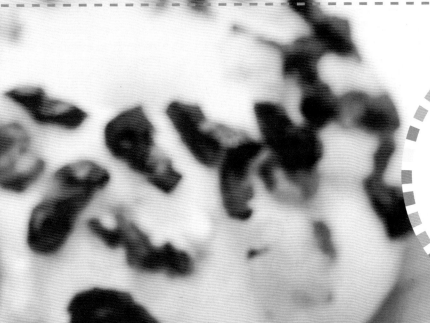

Q爸提示

常规的做法是酵母粉先用温水溶化再和面，我这里用的是省事的办法，只要搓揉均匀，放到烤箱里发酵就行，完全不用担心发不出标准的面团。

粗粮的精细做法，不用烤箱、不用油炸，金黄松软，可作为宝宝的营养辅食。

1. 在干净的碗里倒入面粉、玉米面、细砂糖、酵母粉，加入30～35℃的温牛奶（或温水）。

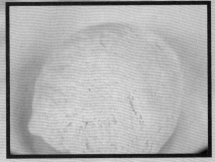

2. 使劲搓揉，揉成表面光滑的玉米面团，盖上保鲜膜，室温静置45分钟以上。或烤箱发酵模式30分钟，面团就能充分发酵好。

3. 面团发至两倍大即可取出，案板上撒上熟面粉，面团继续搓揉排气，为防止粘手，手上可以多抹一些面粉。

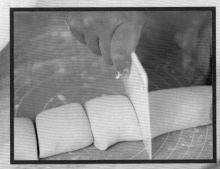

4. 面团揉成长条，等分成6份，每个小面团揉圆，放在案板上，稍微压扁，然后用手指在中间戳一个小洞，修整成甜甜圈形状。

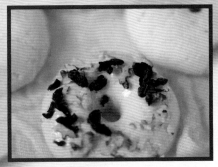

5. 放入蒸锅里，静置15分钟，然后取1个鸡蛋黄，蛋黄液刷在甜甜圈表面，把切碎的核桃仁、蔓越莓干铺在甜甜圈上。

6. 盖上锅盖，冷水上锅，大火蒸10分钟，关火后焖3分钟，开盖，香喷喷的玉米面甜甜圈就做好了。

铜锣烧

扫码边看边学

铜锣烧是"80后""90后"家长的童年记忆，深色外皮带着微苦感却让甜蜜更动人，松弹的饼皮散发着奶香蛋香，夹着细腻的红豆沙……

松软的口感，配上浓郁的蜂蜜香气和香滑的内馅，交融出绝好的滋味。

▢营养特色

鸡蛋、牛奶、蜂蜜这些都是优质食材。这道早餐的做法也很健康，完全复刻了多拉Ａ梦最爱的点心，是孩子们一定会喜欢且健康的点心。

Q爸提示

煎锅不用倒油，但一定要干净。煎完一个后，一定要等锅底冷却再加面糊，过热会导致面糊快速膨胀而上色不均匀，最好的办法就是用冷水冲洗来迅速降温。

食材准备

鸡蛋
2个

低筋面粉
130克

泡打粉
3克

细砂糖
35克

牛奶
80克

玉米油
20克

蜂蜜
15克

红豆沙
100克

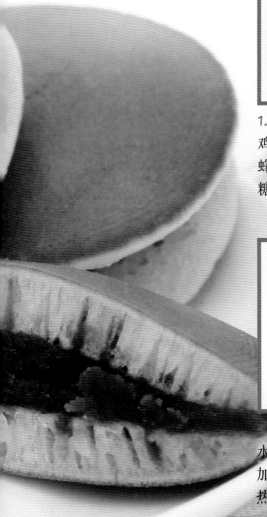

1. 准备一个干净的碗，打两个鸡蛋，然后加入牛奶、细砂糖、蜂蜜、玉米油，搅拌均匀至细砂糖完全溶化。

2. 面粉过筛入碗，然后加泡打粉，搅拌至面糊无干粉状态，然后滤出细腻的蛋糊，室温静置30分钟。

准备一个煎锅，一定要用冷水清洗干净，小火将锅底微微加热，用手放在锅上感受到一点热气。

4. 舀起一小勺蛋糊，注入蛋糊时，勺子始终要保持在面饼正上方，这样确保面糊流动成一个标准的圆形。

5. 慢慢加热，90秒后面糊会开始膨胀，表面冒出气泡，待气泡破掉后。翻面再煎。

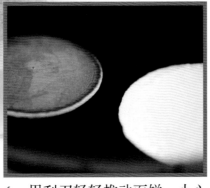

6. 用刮刀轻轻推动面饼，小心翻面，可以看到底部呈现均匀的焦糖色，煎1分钟后出锅晾凉备用。

7. 取适量红豆沙，在面饼上抹开，中间厚一点，四周薄一点。抹完后盖上一个面饼粘合起来即可。

香烤芝士馒头

扫码边看边学

　　这是一个以馒头为基础的二次创作美食，材料和做法参考了披萨。将一个普通的馒头做出了西餐的感觉，孩子一定会非常喜欢。

食材准备

馒头
1个

 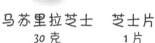

马苏里拉芝士
30克

芝士片
1片

培根
3片

鸡蛋
1个

黑胡椒粉
少许

盐
少许

Q爸提示

为什么在塞馅料的时候，馒头容易断？这里有3个原因：切得太深、加的馅料太多、馒头是冷的。所以制作时馒头不要切得太深，加的馅料适度即可，若馒头是冷的就先蒸热一下，待馒头柔韧性好一些就不容易断了。

🔲 营养特色

这个馒头里塞入了不少芝士，用料与披萨接近，好处在于不油腻，也很卫生。

中餐馒头的西式吃法，与披萨接近，搭配一杯牛奶或果汁就是丰富的一餐了。

1. 培根和芝士片切细条状，馒头提前蒸热，趁热切出几条缝隙。

2. 将培根、芝士条塞入缝隙，打一个鸡蛋，馒头表面刷一层蛋黄液。

3. 研磨一些盐和黑胡椒粉，表面铺一层马苏里拉芝士碎，最后可以再刷一层蛋液。

4. 在馒头两端各插一根牙签，用以固定形状，防止烤热后膨胀断开。

5. 烤箱160℃预热5分钟，放入馒头，烤20~25分钟，表面金黄即可。

第二部分
主菜类

备菜时间：15分钟　烹饪时间：60分钟

四季羊肉汤

扫码边看边学

这道羊肉汤采用的小黑羊前腿肉，肉质娇嫩，添加生姜、当归、党参等配料，有羊肉香味而无膻味，香滑软烂，入口即化，适合四季食用，信不信孩子会说再来一碗？

□营养特色

羊肉富含维生素 B_1、B_2、B_6，以及铁、锌、硒等，它比猪肉和牛肉的脂肪、胆固醇含量都要少，且蛋白质含量高，容易被消化吸收，非常适合孩子食用。

食材准备

Q爸提示

肉片处理时一定要多用地瓜粉，并且抓揉要使劲，让粉能够芡到羊肉纤维里，这样煮出来的肉片，口感又软又滑，孩子吃起来轻松不费劲，加上肉香醇厚，味道非常鲜美。

盐
3克

羊前腿肉
500克

地瓜粉
100克

当归
少许

党参
少许

老抽
10克

生姜
1块

香菜
少许

芹菜
少许

1. 准备好羊腿肉（腱子肉最佳），逆着纹路切成薄肉片备用。

2. 加盐和地瓜粉，用手大力抓匀，加老抽上色。

3. 继续用力搓揉，让地瓜粉芡入肉纤维才有软烂香滑的口感。

这种做法可以去除羊膻味，再根据孩子喜好加一点香菜、芹菜或白胡椒粉，风味更佳。

4. 大火煮一锅沸水，为保障肉片的细嫩口感，肉片要一片一片地入锅，这里要尽量抻开肉片。

5. 加姜片，再加一小片当归和少许党参可以去除羊膻味，增加一些药膳香味。

6. 改中火煮20分钟，然后改小火炖煮40分钟，煮到肉片软烂，汤汁浓稠。

土豆烧牛腩

这是从川菜大厨那边学来的家常菜，土豆和牛肉都很香很入味，小孩吃的话不放辣椒即可。

食材准备

澳洲牛腩
400 克

土豆
400 克

红椒
1 个

豆瓣酱
15 克

料酒
15 克

干辣椒
2 根

花椒
2 克

蚝油
15 克

白糖
2 克

葱
适量

姜
适量

蒜
适量

盐
少许

鸡精
少许

红烧出来的牛腩软烂入味，土豆粉粉的，吃菜都能饱。

▢营养特色

这是一道下饭菜，牛腩含有丰富的蛋白质、氨基酸，能提高机体抗病能力，对生长发育极其有益，很适合孩子吃。

Q爸提示

牛腩要冷水入锅氽水，
这样才能把血水氽得更
干净；红椒不能太早放，
不然很快就会煮烂掉。

1. 牛腩切成3厘米左右方块，入
锅焯水，加适量料酒去腥，水烧
开后撇除浮沫，捞出牛腩沥干土
豆滚刀切块备用。

2. 热锅冷油，加花椒、姜、蒜、
干辣椒，煸出香味，加入牛腩中
火炒两分钟，淋入料酒继续翻炒，
进一步去腥增香。

3. 加一勺豆瓣酱，小火炒出轻
微红油，这样可以给牛腩上一层
底色。

然后加一勺蚝油，增加咸香味，
用少许白糖提鲜，翻炒几次之后
加水，水量需没过牛腩5厘米。

5. 最后加少许酱油，小葱打结
放入锅中，小火焖煮50分钟，
直至牛腩软烂入味。

6. 50分钟后捞出葱结，加入土豆，
再焖煮20分钟。

7. 最后加入红椒，加盐和鸡精
调味即可出锅。

避风塘香酥虾

扫码边看边学

　　白灼或油焖虾都吃腻的时候，这道油炸的虾，可以连肉带壳一起吃掉，孩子一定会喜欢。自己处理的虾更加干净卫生，用的也是新鲜油，孩子偶尔吃吃也无妨。

□营养特色

虾的营养价值很高，给孩子吃建议首选海鲜捕捞的野生虾，其肉质和营养价值最高，对于孩子的生长发育很有裨益。

食材准备

面包糠
60克

姜
10克

白胡椒粉
1克

料酒
10克

盐
1克

蒜
50克

虾
250克

淀粉
50克

小红椒
少许

1. 剪去虾须、虾枪，去除虾线。个头大的虾可以开背，擦一些姜汁，再加盐、白胡椒粉、料酒腌制15分钟左右。

2. 腌好后，装一盘淀粉，每只虾裹一层薄薄的淀粉，拍匀，这样可以炸出酥脆的表面。

3. 起一锅热油，油温六七成热时，放入虾炸45秒钟，捞出锅，这时候虾已经变红。

外壳香酥、虾肉嫩爽，好吃到连虾壳都不想放过。

Q 爸提示

小孩能吃辣的话，也可
以加一些辣椒圈和盐，
让虾的表面增加微辣感，
口味更重些，味道更好。

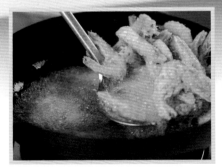

4. 把油再次加到八九成热，将
虾回锅复炸30秒，捞出沥油备用。
这是让虾壳变得更加酥脆的关键。

5. 虾炸完后，用细筛捞除油锅
里的杂质，然后放入蒜蓉，炸香
至金黄色，捞出沥干备用。

6. 锅内留少许蒜油，中火热锅，
加入炸好的蒜蓉和面包糠，翻炒
片刻，最后加入虾，炒匀，直到
虾身沾上面包糠。

咸蛋黄焗小龙虾

扫码边看边学

大人爱吃各种口味的小龙虾，孩子都只有看的份，如果做一道孩子也可以吃的小龙虾呢？那他是不是乐坏了？小龙虾真的很脏不能吃吗？来试试这道咸蛋黄焗小龙虾吧。

▢ 营养特色

小龙虾的营养价值确实不高，但相比市面上卫生无保障的小龙虾，我们的这种做法确保卫生、健康，可以放心食用。

食材准备

小龙虾
500 克

姜片
适量

咸蛋黄
5 个

葱段
适量

盐
少许

料酒
少许

Q 爸提示

市面上的小龙虾，都是人工养殖的，并不是臭水沟里的，只要把虾头、虾线去掉，清洗干净，可以放心让孩子吃。

炸脆的小龙虾外壳裹了一层咸蛋黄，舔起来比肉还好吃！虾肉还能保持鲜嫩口感。

1. 洗净虾头和腹部，在尾鳍的中间处扯出虾线，剪掉半个虾头，如果给孩子吃，虾黄也一起去除。

2. 用清水再冲洗一遍，沥干，加姜片、葱段、料酒和盐腌制15分钟，达到去腥的效果。

3. 趁这个时间，把咸蛋黄放入锅中蒸10分钟，蒸熟后碾碎成泥备用。

4. 准备半锅油，烧至八成热，小龙虾下锅炸1分钟至虾壳通红，捞起沥油。

5. 锅里留少许油，加姜片和咸蛋黄，中火炒至起泡，尽量压碎蛋黄，炒出沙。

6. 然后加入小龙虾翻炒均匀即可，关火后可在锅中放置片刻，让蛋黄更好地裹住小龙虾。

芒果鳕鱼

扫码边看边学

　　这道芒果鳕鱼本是一道复杂的西餐，简化改良后，仅需盐和黑胡椒做调料，保持了食材的原汁原味，营养搭配合理，做法也简单。

食材准备

鳕鱼
200 克

橄榄油
20 克

食用油
50 克

黑胡椒粉
少许

盐
少许

芒果
1 个

香梨
1 个

彩椒
适量

如果觉得芒果酱制作麻烦，可以直接打成甜果汁或切片搭配即可。

▢营养特色

鳕鱼的肉质厚实、刺少、味道鲜美，蛋白质含量非常高而脂肪含量极低，并含有多种维生素，因而被称为"餐桌上的营养师"，是孕产饮食、宝宝辅食的优选食材。

Q爸提示

购买鳕鱼的时候一定要仔细鉴别，市面上很多鳕鱼是油鱼冒充的，因为油鱼跟鳕鱼看起来很像，通常鳕鱼的价格会比较高。

1. 鳕鱼解冻冲洗干净后，可以用手挤掉一些水分，然后用厨房纸吸干表面水分。

2. 鳕鱼皮上划两道开口，深度1厘米左右，这样有利于中心部位同步煎熟。

3. 芒果、香梨去皮、去核、切块备用，红椒、黄椒去籽洗净，切瓣备用。

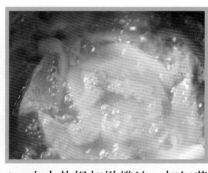

4. 中火热锅加橄榄油，加红黄椒炒至断生，然后倒入芒果和香梨翻炒，加250毫升水煮3分钟。

5. 然后出锅晾凉，放入料理机打成浆，果浆过筛，滤出一碗香甜嫩滑的芒果浓汤。

6. 煎锅加食用油，六七成热时放入鳕鱼，四面煎至微焦，里面的肉也基本熟了。

7. 趁热加少许盐和黑胡椒粉即可。这里推荐用研磨器，磨出的盐更加细腻。

红薯粉蒸肉

扫码边看边学

这并不是日常吃的粉蒸肉，而是针对孩子的需求改良后的粉蒸肉。全瘦的里脊肉肉质细嫩，用红薯一是增加粉蒸肉的香味，二是当主食搭配，这样的话就是一餐的标准量了。

□营养特色

里脊肉是猪肉当中蛋白质含量最高、脂肪含量最低的部分，红薯富含膳食纤维，搭配肉类食用，可以更好地被消化吸收。

食材准备

猪里脊肉
150 克

红薯
1 个

大米
50 克

糯米
50 克

生抽
3 克

盐
1 克

姜片
适量

Q 爸提示

我们平时吃粉蒸肉，一般用半肥半瘦的肉来做，容易感觉腻。我这里做给孩子吃的，就改用全瘦的里脊肉，肉质比较嫩，口感更适合小孩。

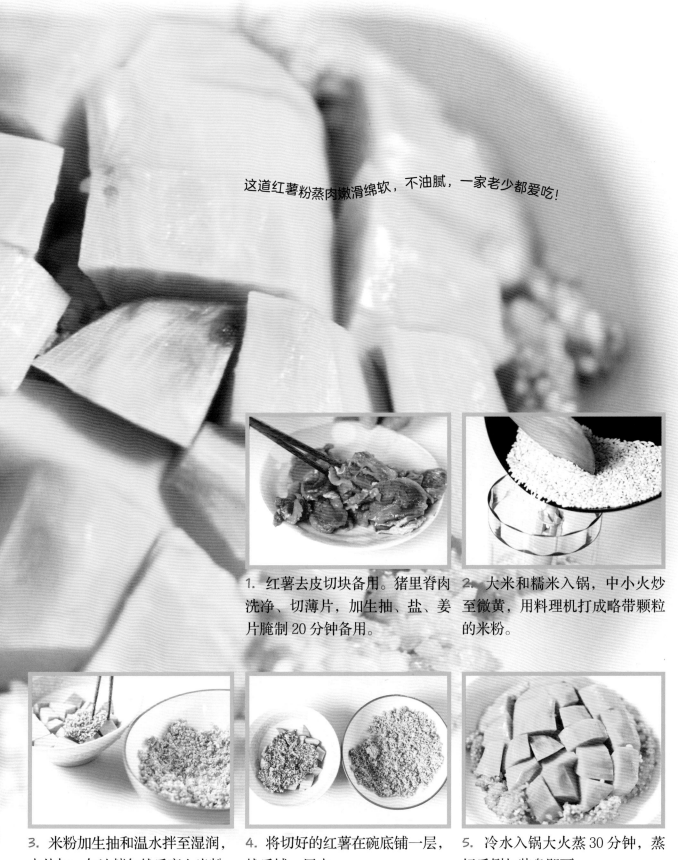

这道红薯粉蒸肉嫩滑绵软，不油腻，一家老少都爱吃！

1. 红薯去皮切块备用。猪里脊肉洗净、切薄片，加生抽、盐、姜片腌制20分钟备用。

2. 大米和糯米入锅，中小火炒至微黄，用料理机打成略带颗粒的米粉。

3. 米粉加生抽和温水拌至湿润，肉片加一勺油拌匀然后裹上米粉。

4. 将切好的红薯在碗底铺一层，然后铺一层肉。

5. 冷水入锅大火蒸30分钟，蒸好后倒扣装盘即可。

开胃酸汤牛肉

扫码边看边学

自己买一块嫩牛肉，切成薄片，用番茄煮出酸汤，做一道酸酸辣辣、令人胃口大开的酸汤牛肉。

薄薄的牛肉片，蘸满酸酸辣辣的稠汁，舌尖上的味蕾得到最大的欢愉。

▢营养特色

牛肉属于优质红肉，是蛋白质含量较高、脂肪含量较低的肉类之一，是孩子发育成长中必不可少的营养来源。

食材准备

番茄酱	小洋葱	白米醋	生姜	澳洲牛霖
50克	1个	15克	少许	400克

金针菇	番茄	大蒜	红辣椒	泡椒	地瓜粉	盐
150克	3个	少许	少许	少许	适量	适量

Q 爸提示

对辣度的掌握要根据孩子的接受程度而定，把泡椒放进汤里煮，整个汤会变得很辣。

1. 选用牛霖（或牛里脊），切成2毫米厚的均匀薄片，太厚口感就变差了。

2. 加盐、地瓜粉抓匀，加食用油可以让肉片口感更加滑嫩，腌制30分钟。

3. 番茄划十字刀，用开水烫至表皮脱落，剥皮切碎，嫌麻烦的话不剥皮也可。

4. 生姜切片，洋葱切末，红辣椒、大蒜切段，加入油锅翻炒，然后加西红柿炒出沙。

5. 加番茄酱炒出浓稠糊状，再加一大碗开水，转中火煮10分钟。可加少量泡椒。

6. 10分钟后加15克白米醋，放入金针菇煮5分钟，最后挤半颗柠檬汁，有提鲜增酸的效果。

7. 将腌好的肉片抻开，一片片放入锅中轻轻搅动，大火煮两分钟即可。

香煎红虾

扫码边看边学

冷冻的南美红虾，清蒸和白灼都不适合，香煎出来的味道才是最好的。

食材准备

南美红虾
250克

洋葱
半颗

生姜
适量

小葱
适量

生抽
30克

鸡粉
少许

◻营养特色

南美红虾富含蛋白质，脂肪，维生素 A、B_1、B_2，烟酸，钙，磷，铁，以及碘、胆甾醇、多种氨基酸等，具有很高的营养价值。

1. 大虾解冻洗净，剪去虾枪和虾脚，抽出虾线。

2. 切成虾头、虾身、虾尾3段，用厨房纸吸干水分。

3. 洋葱、生姜、小葱切好备用，碗里加生抽、鸡粉和水调匀。

这道香煎红虾不仅虾肉爽嫩，虾壳也酥脆可吃，孩子一定喜欢。

Q 爸提示

制作这个虾，要记得把
虾脚、虾枪、虾线处理掉，
洗干净后一定要用厨房纸
吸干水分，才能煎出
香脆的外壳。

4. 煎锅中火热油，加虾头和生姜
爆香，煎出虾油。

5. 加剩余虾段和洋葱、小葱，炒
至变软，炒出浓郁香味。

倒入调好的调味汁，中火烧煮
1分钟，收汁即可出锅。

第三部份
主食类

牛肉汉堡

汉堡准备的材料较多，但操作难度并不大，它的脂肪含量和热量比餐厅里的要低得多，非常适合做给孩子吃。

口感柔软又鲜嫩无比，好吃到要尖叫！

□ 营养特色

这款汉堡的配料为面包、牛肉、鸡蛋、蔬菜、芝士等，营养价值很高，而它的热量相比起营养价值来说却根本不算高。

食材准备

Q爸提示

按照常规的做法，面包胚应该放到油锅里煎到焦黄，如果是做给小孩吃，个人建议省去这步操作，尽量低油。

牛肉糜
150克

汉堡饼
1个

洋葱末
50克

生菜
若干

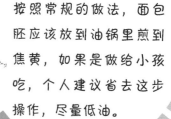

芝士片
1片

黄芥末酱
适量

鸡蛋
1个

盐
少许

黑胡椒粉
少许

菠萝
1片

番茄
1片

1. 牛肉糜、洋葱末，加少许黄芥末酱和一个蛋黄拌匀；再加少许盐和黑胡椒粉调味，充分拌匀。

2. 由于牛肉糜加热后容易出水，可以加一勺淀粉有利于锁住水分和定型。

3. 牛肉糜揉成两个圆球，按压成略小于饼胚的肉饼。肉饼盖上保鲜膜，放入冰箱冷藏15分钟，使得肉饼更硬，更容易煎烤。

4. 中火热锅，将肉饼煎至两面发焦。如果肉饼较厚，煎的时候渗出血水，还可将肉饼放入烤箱，上下火180℃烤5～7分钟。

5. 番茄切薄片，菠萝切薄片，挖去菠萝芯，放入油锅中煎至变软即可。

6. 面包胚对半切开，在面包上铺一层生菜，加菠萝片、牛肉、芝士片、番茄片。

7. 最后盖上面包就可以了。面包内侧也可以放在油锅里煎一遍会更香。

备菜时间：15分钟　烹饪时间：15分钟

儿童牛排

扫码边看边学

把煎好的牛排切成粒，装在火龙果皮里，对于孩子来说是一个新奇的吃法，可以激发他们的食欲。

食材准备

蔬菜沙拉材料
（含生菜、苦苣、紫甘蓝、玉米粒等）
1 份

火龙果
1 个

黑胡椒粉
少许

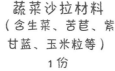
西冷牛排
250 克

食用油
20 克

沙拉汁
50 克

玫瑰盐
少许

营养特色

牛肉搭配一些新鲜时蔬做的沙拉，可以让营养搭配更加合理，满足孩子生长发育的营养需求。

Q 爸提示

如果孩子不喜欢切成小块的牛排，而且喜欢味道重一点的，也可以将整块牛排用盐和黑胡椒先腌制，再入锅煎。

1. 将焯熟沥干的生菜、苦苣、紫甘蓝、玉米粒等放到盘中，中间留一块空白。

2. 火龙果外皮修理干净，挖出果肉，形成一个果皮的碗，果肉切丁洒在生菜上面。

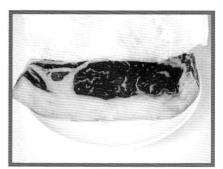

3. 用厨房纸吸干牛排水分，大火热锅煎 30 秒钟，翻面再煎 30 秒钟，如果牛排太焦就改中火。

香嫩的牛肉粒，搭配新鲜的蔬果沙拉，颜值与美味兼备。

4. 反复翻面两次，直到牛排表面渗出血水即可出锅（孩子吃建议八成熟，比较适合孩子咀嚼）。

5. 牛排放在干净的案板上，撒上少许玫瑰盐和黑胡椒粉调味，切成大小均匀的牛肉粒。

6. 装到火龙果皮中，装满后放到盘子里，最后把沙拉汁浇在蔬菜上，用樱桃、萝卜片点缀一下。

备菜时间：10分钟　烹饪时间：60分钟

泰式芒果糯米饭

扫码边看边学

这道泰国小吃本属于甜品，但稍微改良一下，有米饭、有水果，口感软润，椰香浓郁，就是一道孩子喜欢的主食了。

▢ 营养特色

芒果含有丰富的糖、蛋白质、纤维素、维生素及矿物质，糯米含有蛋白质、淀粉、脂肪、B族维生素等，二者相加营养丰富，既可以满足孩子的食欲又可以强身健体。

食材准备

芒果
1个

椰浆
200毫升

细砂糖
50克

泰国糯米
100克

Q爸提示

泰国糯米细长，黏性不如国产糯米，因此吃起来不那么腻，是很好的选择。糯米蒸好后要尽快浇上热的椰浆，等待5分钟以上，让糯米充分吸收椰浆，这一步很关键，糯米饭吸饱了椰浆会变得更加软润入味。

1. 泰国糯米提前隔夜泡好，或者至少提前浸泡2小时，让米粒稍微变大。

2. 准备蒸锅，铺好蒸布，倒入浸泡好的糯米，用蒸布简单包起来，大火蒸30分钟。

3. 米饭蒸熟后倒入碗中打散，准备一个汤锅，倒入椰浆和白糖，拌匀融化，中小火煮沸。

糯米不太好消化，不宜让孩子多吃，可以多搭配些水果。

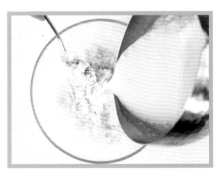

4. 趁米饭还热，快速将椰浆分次倒入饭中，拌匀，让米饭充分吸收椰浆，最后留1/4椰浆备用。

5. 在糯米饭和椰浆浸泡的时间里，可以准备芒果：去皮取肉，均匀切成5毫米左右薄片备用。

6. 然后把糯米饭装到盘子中，芒果铺在米饭上，把剩余的椰浆，轻轻浇在芒果和米饭上即可。

松仁鲜虾炒意面

扫码边看边学

把松仁作为主要辅料, 搭配虾仁, 用中式方法炒意大利面, 结果出奇的好。

Q 弹的意面, 配上鲜甜的虾仁和香脆的松仁, 味道妙不可言!

Q 爸提示

这种炒意面最好要选用最细的意大利面, 比较软, 更适合孩子。如卡佩利尼 (Capellini), 也被称为 Angel Hair (天使的头发), 接近国内的龙须面, 口感像米粉一样软, 可以说是最适合小孩的一款意面, 只是喜欢面条有嚼劲的大人可能觉得太软了。

食材准备

意大利面
150 克

鲜虾仁
100 克

松仁　　蒜
30 克　　2 瓣

橄榄油　　欧芹叶
20 克　　（或芹菜叶）
　　　　　少许

红椒片　　黑胡椒粉
适量　　　少许

□ 营养特色

松仁包括人体必需的多种营养素，对促进蛋白质合成、增强机体免疫功能、增加人体耐缺氧能力、延缓衰老等，都有很好的促进作用。

1. 蒜切薄片，红椒去籽切丁，欧芹叶切碎。

2. 沸水加少许盐，意大利面入水煮 5 分钟，面条变软后捞出放凉。

3. 煎锅加橄榄油，中火炒鲜虾仁，加少许盐，出锅。

4. 然后加蒜、红椒片、松仁炒香。

5. 加少许盐、黑胡椒粉调味，简单翻炒片刻。

6. 最后撒入欧芹叶。

嫩牛五方

扫码边看边学

这是多年前肯德基里非常受欢迎的主食，
还原五方和肉卷，孩子会喜欢爸爸妈妈曾经
喜欢的美食吗?

薯片的加入使它有了酥脆的口感，味觉体验更有层次，孩子的味蕾一定会被征服！

🔲营养特色

牛肉富含优质蛋白
质、生菜富含维生
素，而面食主要含
人体所需的碳水化
合物，所以三者的
完美组合，对孩子
来说是既营养又饱
腹的美味主食。

食材准备

嫩牛肉
350 克

盐
少许

面粉
400 克

生菜
150 克

Q 爸提示

面饼的制作比较麻烦，
且有一定难度，可以上
网买现成的面饼，那就
简单多了。

沙拉酱
适量

地瓜粉
适量

生抽
少许

薯片
若干

生姜
1 片

红辣椒
1 片

酵母
2 克

1. 酵母溶于温水加入面团中，使劲揉面，直到面团揉成表面光滑的球状。用保鲜袋装好，发酵30分钟。

2. 面发酵好后，擀成直径20厘米和25厘米的圆形面皮，然后煎锅加一层薄油，烙熟面皮，以面皮发泡、表面微焦为准。

3. 牛肉横丝切成0.5厘米厚的肉片，再切成长条，加少许盐、地瓜粉、生抽抓匀，加适量食用油可以让牛肉更加嫩滑，腌制10分钟。

4. 生姜切片、红辣椒切段，中火热油，加生姜和红辣椒煸出香味。腌制好的牛肉条，翻炒片刻，确保牛肉干爽即可出锅备用。

5. 大块的面饼，加生菜、沙拉酱、薯片和牛肉，折成五角形，轻轻压实，放入煎锅中火再烙30秒钟帮助定形，一份精巧的嫩牛五方就做好了。

6. 将煎好的面皮平铺在案板上，中间位置放上生菜，加适量沙拉酱，叠几片薯片，再均匀码上牛肉条，翻起面皮折成半开口的肉卷，墨西哥肉卷就做成了。

水晶虾饺

扫码边看边学

　　虾饺跟普通饺子不一样，外皮晶莹剔透，口感Q弹，白里透着虾仁的红，颜值很高；内馅鲜香有味，比普通饺子更能吸引孩子。

食材准备

澄面粉
100克

木薯粉
35克

食用油
50克

鲜虾
200克

猪肉
100克

马蹄笋
100克

白胡椒粉
少许

盐
少许

香油
适量

营养特色

因为馅料可以有各种组合，如虾、肉、菜等，营养比较均衡，是一道综合素质较高的主食。

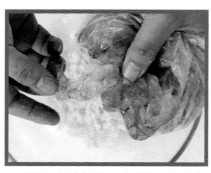

1. 鲜虾去除虾头、虾线，取出虾仁，洗净后用厨房纸吸掉一些水分，然后装进保鲜袋，用刀背稍微拍打，让虾仁打出少许胶黏。

2. 猪肉剁成肉泥，马蹄笋鲜嫩部位切成小丁，放入大碗混合拌匀，加白胡椒粉、盐和香油，朝同方向使劲搅拌，直到轻微上劲。

3. 澄面粉和木薯粉倒入大碗中，准备100毫升沸水，缓缓倒入碗里，同时不断搅拌，形成面絮，搓揉成团。

精制的南方"水饺"，比北方水饺更美味、更有韧劲，颜值也更高。

Q爸提示

因为这个面皮跟常规的饺子皮不一样，本身没有韧性，所以压出的面皮，要尽快包成虾饺。虾饺包好后，尽快下蒸锅，以防止表皮放久了风干开裂。

4. 加食用油继续搓揉，直到形成表面光滑、有韧劲的面团，最后等分成10份，搓成均匀的小圆球备用。

5. 菜刀洗净擦干后，刀背沾少许油，抹开，碾压小面团成圆形饺子皮，压一次即可，尽量圆和薄是成功的关键。

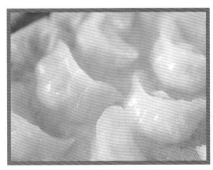

6. 准备一锅沸水，虾饺入锅大火蒸12分钟即可，此时白色的面皮蒸熟后变成半透明，可以看见内馅的虾也变红了。

日式龙虾菌菇面

扫码边看边学

在日本吃过这面，孩子吃了一大碗，回国后凭记忆试做，大体上就是这个味道了。

这是让孩子完整摄入一只龙虾营养的最佳办法。

Q爸提示

单独煮一只虾比较麻烦，如果全家人吃，可以大锅煮2~3只龙虾，熬出的汤底来煮面，味道更浓郁。

食材准备

日式拉面
250克

鸡蛋
2个

猪骨浓汤料
20克

波士顿大龙虾
1只

海带
少许

海苔
少许

蟹味菇
100克

■营养特色

波士顿大龙虾的蛋白质含量高于多数淡水和海水鱼虾，其氨基酸组成优于肉类，含有儿童成长发育所必需的氨基酸。

1. 清洗龙虾的腹部和脚，用尖刀插入虾脑后方，对半切开头部和整个身体，扯出虾线和内脏。

2. 挖出虾脑，去除鳃部洗净。虾螯轻轻拍裂，龙虾放入水中汆30秒后取出切段备用。

3. 龙虾壳继续回锅熬煮，煮熟虾螯即可捞出，最后加适量猪骨浓汤料，让汤底更加浓郁。

4. 准备一锅沸水，捞熟拉面，加入海鲜汤底，把整个龙虾壳放在面上。

5. 煎锅加少许油，放入龙虾肉，然后加蟹味菇一起翻炒，加少许生抽调味，作为面的配菜。

6. 水煮鸡蛋对半切开，加到面里，最后加几片海苔，一份孩子非常爱吃的龙虾面就做好了。

备菜时间：30分钟　烹饪时间：15分钟

家常牛排

扫码边看边学

制作这道牛排需要先腌制牛肉，烹调酱汁，它适合闲时体验。

🞔营养特色

牛肉的营养价值众所周知，为了适合孩子咀嚼，推荐3个部位的牛肉，即牛眼肉、菲力（里脊肉）、西冷(腰部脊肉)，这3处牛肉肉质细嫩，口感好。

食材准备

番茄
2个

大蒜
3瓣

黄油
30克

牛眼肉
1块

黑胡椒
少许

洋葱
半个

西兰花
2朵

蘑菇
适量

盐
少许

面粉
少许

番茄酱
15克

红酒
50克

Q爸提示

还有一种懒人牛排，做法比较简单：超市买腌制好的牛排，只需起锅热油，双面反复煎1分钟即可，平时我也喜欢叫他"傻瓜牛排"。从准备到出锅，5分钟足矣。

只要掌握好火候，保证煎出的牛排香气四溢、口感绝佳。

1. 冷冻牛排开封，用厨房纸吸干血水。

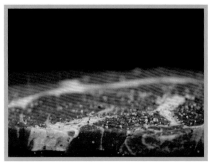

2. 撒上适量盐和黑胡椒，用手轻轻按摩，腌制30分钟备用。

3. 番茄顶部切十字刀，沸水中烫至表皮脱落，切碎备用，洋葱切丁、大蒜切末、蘑菇切片备用。

4. 五成热锅加黄油，炒香洋葱和大蒜，加番茄继续翻炒，然后加番茄酱和少量水炒至成糊。

5. 加红酒继续熬煮，用粉筛均匀撒入面粉，勺子快速搅拌，形成细腻的酱糊备用。

6. 干锅烧六成热，加食用油，放入牛排煎10秒钟，再加一块黄油。

7. 翻面继续煎，然后用勺子盛起油水不断浇到牛排上，牛排几成熟可根据个人喜好决定。

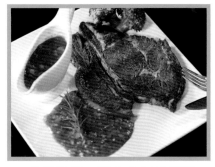

8. 牛排装盘，浇上自制的酱料，就可以享用美味了。制作酱料稍微麻烦些，可以买现成的。

鲜蔬面

扫码边看边学

一碗很素但很鲜的面，味道一定不会让你失望。

Q爸提示

如果用一只海蟹来熬汤底，味道会更加鲜美，那就是正宗的海鲜时蔬面了。

□营养特色

食材中的玉米笋，是甜玉米的幼嫩果穗，美国人常吃，中国近些年才种植。它含有丰富的蛋白质、矿物质和糖分。玉米笋清甜可口，可提升食欲，特别适合脾胃虚弱的孩子。

食材准备

甜豆
100 克

面条
150 克

鲜虾
200 克

玉米笋
100 克

大葱
50 克

生姜
1 块

青柠檬
半个

香菜
少许

油
少许

盐
少许

面食中的"小清新"，清淡素雅，孩子们日常摄入油脂量大，可用这种主食调剂一下。

1. 玉米笋对半切开，甜豆去丝，入锅焯水30秒，捞起沥干备用。

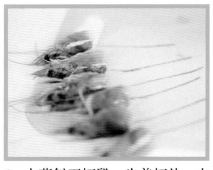

2. 大葱斜刀切段，生姜切片，去除虾线，取出虾仁。

3. 面条入锅焯水两分钟，捞起沥干备用。

4. 中火炒香葱段和姜片，放入玉米笋、甜豆，加少许盐，煮1分钟后加入面条。

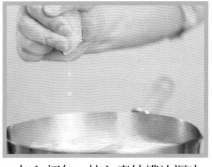

5. 加入虾仁，挤入青柠檬汁调味，煮沸后虾仁变红即可。

6. 可以根据孩子口味加适量香菜，一道美味的鲜蔬面就做好了。

第四部分
甜品类

备菜时间: 20分钟　烹饪时间: 30分钟

小猪佩奇棒棒糖

扫码边看边学

把五颜六色的巧克力, 做成逼真的小猪佩奇造型, 孩子们一定乐于参与, 还能锻炼他们的动手能力。

这样的巧克力棒棒糖, 孩子们一定会尖叫, 甚至舍不得下嘴吧?

❑营养特色

巧克力属于热量比较高的食品, 对于孩子来说不宜多吃, 但偶尔吃吃还是可以的, 特别节假日时给孩子做个充满童趣又美味的小猪佩奇棒棒糖, 孩子一定会开心坏了。

食材准备

蓝色巧克力
适量

粉色巧克力
适量

桃色巧克力
适量

黑色巧克力
适量

白色巧克力
适量

Q 爸提示

如果是冬天，做这种巧克力难度会大很多，因为融化的巧克力很快就会变硬，需要一直放在热水里。模具可以上网购买。

1. 准备一锅热水，用薄的玻璃碗隔水融化各种颜色的巧克力，保持巧克力酱呈糊状。

2. 取出乔治模具，用细竹签沾上黑巧克力酱，涂在模具的眼睛部位，形成最外层的黑色眼珠。

3. 然后在上面涂一层白色巧克力酱，这样就是一个完整的眼睛了，佩奇的眼睛也这样填好。

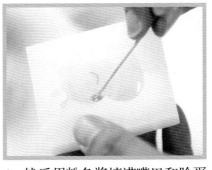

4. 然后用粉色酱填满嘴巴和脸蛋部位，再用桃色酱填满双手。

5. 身体部位，用粉色酱填一半，佩奇的头部，用桃色酱填满，确保身体部位颜色正确。

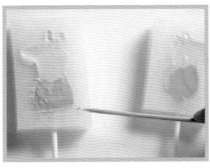

6. 两个模具填满后，刮去底部多余的巧克力，放入冰箱冷藏2小时使巧克力变硬。

7. 轻轻掰开硅胶模具，耳朵部位要特别小心，就能完整取出佩奇和乔治造型的巧克力了。

备菜时间：20分钟　烹饪时间：20分钟

西班牙小油条

扫码边看边学

外皮酥脆的西班牙油条，蘸着香滑的巧克力酱，还有浓郁的奶油香味，是一道非常美味的点心。

这虽然是一份"热量炸弹"，但比起早市的传统油条，还是要健康一些吧？

◻营养特色

这是一款高热量甜品，偶尔食用也无妨。它的营养价值在于食材的严格甄选，比如黑巧克力，可以让孩子吃得更放心些。

食材准备

黄油	鸡蛋	白糖	盐	黑巧克力	面粉	淡奶油
90克	2个	15克	1克	1块	150克	100克

Q爸提示

除了用巧克力做蘸酱，用冰淇淋也可以，热油条配冰淇淋是麦当劳的吃法，不过热量一样很高，尽量少吃，过下嘴瘾就行。

1. 将黄油、白糖和盐加入 250 克水中，加热融化。倒入面粉，改小火，搅拌成无干粉的面团。

2. 此时面团较硬，加一个鸡蛋，搅拌成细腻的面糊，如果喜欢更软的，可以再加一个鸡蛋。

3. 面糊调好后，找一个裱花袋，搭配 6 齿花嘴，把面糊装入袋，挤掉空气。

4. 准备半锅油，烧至七成热，裱花袋挤出面糊，10 厘米左右即可断开。

5. 在油锅里保持翻动，炸到表面金黄，捞出沥油。

6. 装盘后，油条表面撒一层糖粉即可。

7. 或者调制巧克力蘸酱，将奶油和巧克力中小火融化，煮沸即可。

酸奶雪糕

扫码边看边学

炎热的夏天，自己用水果酸奶制作松软细腻的雪糕，既有颜值又有营养。

▢营养特色

打破雪糕冰淇淋不健康的观念，自己挑选淡奶油和酪奶，辅以新鲜水果，完全是营养食品，唯一要注意的是不宜多吃，冰冷食品伤脾胃。

食材准备

酸奶
100 克

淡奶油
150 克

芒果
1 个

杨梅
100 克

猕猴桃
1 个

Q 爸提示

介绍一种更营养的雪糕：取两个鸡蛋黄，和牛奶打匀后煮沸，然后用水果雪糕的材料加进去冻起来，这种改良更有营养价值。

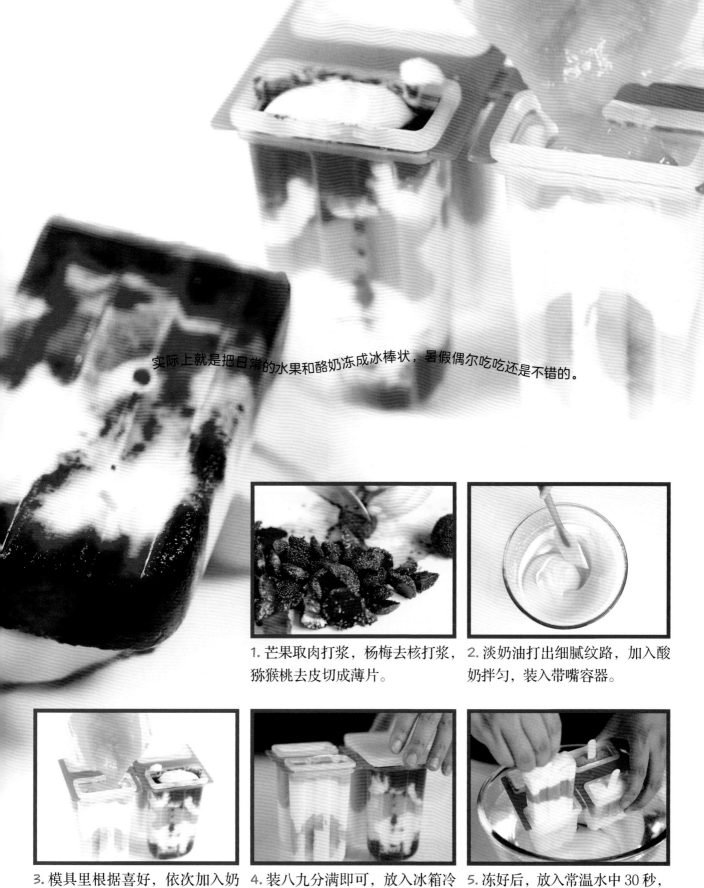

实际上就是把日常的水果和酪奶冻成冰棒状，暑假偶尔吃吃还是不错的。

1.芒果取肉打浆，杨梅去核打浆，猕猴桃去皮切成薄片。

2.淡奶油打出细腻纹路，加入酸奶拌匀，装入带嘴容器。

3.模具里根据喜好，依次加入奶油、芒果浆、杨梅浆或猕猴桃片。

4.装八九分满即可，放入冰箱冷冻4小时以上。

5.冻好后，放入常温水中30秒，有助于轻松脱模。

杨枝甘露

扫码边看边学

　　甜品店里孩子非常喜欢的一道甜品，做起来原来这么简单！有时候我做一大碗，一家人都能吃饱。如果有冰淇淋，放在一起会更好吃！

杨枝甘露是很受欢迎的甜品，口感细腻，润滑多汁，大人、小孩都爱吃。

▢营养特色

芒果含有丰富的糖、蛋白质、纤维素、维生素及矿物质。西米是纯淀粉，小粒西米偶尔煮粥或做汤羹给低幼宝宝食用，可健脾补肺，也让宝宝的饮食更加丰富，但西米不能作为主食。

食材准备

椰子味蛋奶
150 克
（或 50 克淡奶 +100 克椰浆）

芒果
400 克

西柚
半个

西米
45 克

细砂糖
20 克

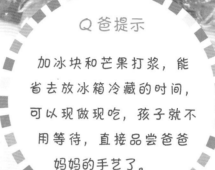

Q 爸提示

加冰块和芒果打浆，能省去放冰箱冷藏的时间，可以现做现吃，孩子就不用等待，直接品尝爸爸妈妈的手艺了。

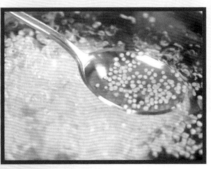

1. 西米倒入沸水锅，不停搅动，防止粘锅。然后转小火，盖上锅盖煮15~20分钟。

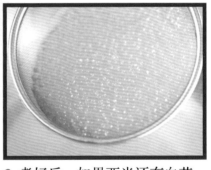

2. 煮好后，如果西米还有白芯，可以关火再焖几分钟，直到白芯消失。将西米捞出，倒入凉开水里。

3. 芒果取肉去核，切出芒果丁，其余果肉放入料理机，加细砂糖、冰块混合，打成果浆。

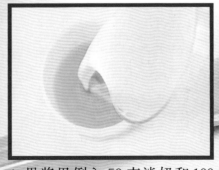

4. 果浆里倒入50克淡奶和100克椰浆，再加一些西柚果肉，拌匀，加西米拌匀备用。

5. 装碗，上面点缀芒果丁和西柚果粒，一碗清凉香甜的杨枝甘露就做好了。

五彩冰皮月饼

扫码边看边学

中秋时节，做一份五颜六色的冰皮月饼，外皮凉爽Q弹，有淡淡的果蔬清香，还可以跟孩子一起压制月饼，是一道好吃又有趣的亲子美食。

Q爸提示

我这里使用的是粉红色的草莓粉、紫色的紫薯粉、绿色的抹茶粉，这些是植物萃取的色素，可以放心食用。往小面团里添加少许色素粉，裹起来充分捏揉即可，面团可均匀上色。

中秋节的快乐，可能就源于全家人一起动手做好吃的月饼！

口营养特色

有别于传统的月饼，自制月饼的"营养价值"在于自选材料的保障，以及想让孩子吃什么（比如紫薯泥）就包什么馅。

食材准备　　以下为10个月饼用料

澄粉
25克

熟粉
50克

牛奶
165克

糖粉
40克

玉米油
15克

水磨糯米粉
40克

黏米粉
40克

紫薯馅
150克

奶黄馅
150克

植物色素粉
少许
（如草莓粉、紫薯粉、抹茶粉）

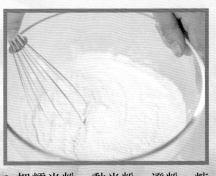

1.把糯米粉、黏米粉、澄粉、糖粉全部放入盆中，混合均匀，加牛奶，搅拌均匀至细腻无结块的面糊。

2.把玉米油倒入面糊中搅匀，搅拌好的面糊倒入浅盘中，盖上保鲜膜，防止水汽进入，大火蒸30分钟直到蒸熟。

3.出锅后放至温热，戴上一次性手套揉面团，揉至表面光滑，包上保鲜膜，冷却后放入冰箱冷藏2小时以上。

4.冷藏后，面团分成10份，每份25克，揉成小面团。然后根据喜好，加入植物色素粉。

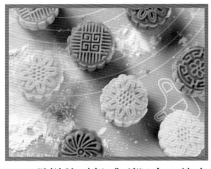

5.准备奶黄馅和紫薯馅，揉成25克的小圆面团，再捏成中间厚、四周薄的面皮，放入馅料，虎口托着面团包好，收口捏实即可。

6.在模具里面洒一点熟粉防黏，把包好的面团也沾一点熟粉放进模型，收口朝模型顶部，放在桌面轻轻压实。

7.压月饼的时候感到阻力，就应该停止用力，保持5秒钟左右，然后推出月饼，轻轻脱模。压好的月饼放入冰箱冷藏，口感更好。

牛轧糖

扫码边看边学

孩子爱吃糖是天性，也无法完全
禁止，不如自己动手，做一份更卫生、
更营养的牛轧糖吧！

营养特色

食材都是营养健康的，奶粉尽量
用全脂奶粉，花生可用其他坚果
替代，棉花糖要选择甜度低一点、
不含香精成分的，这样的牛轧糖
最适合孩子吃。

Q爸提示

1. 融化黄油时一定要用不粘锅，小
火慢慢融化，让黄油铺满锅底，没
有黄油的用植物油也可以。棉花糖
要用白色无夹心的，并且全程小火，
火越小成功率越高。

2. 牛轧糖的软硬程度取决于黄油用
量以及搅拌时长。黄油越多糖越软，
奶粉越多糖越硬。

食材准备

花生
150克

无盐黄油
35克

奶粉
100克

原味棉花糖
160克

这是最简单的牛轧糖做法，作为家庭零食可以常备呢！

1. 将花生倒入烤盘中铺匀，放入烤箱，上下火 120℃烤 15 分钟。花生放凉后，去皮备用。

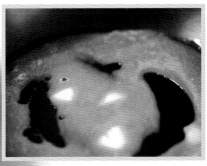

2. 小火加热不粘锅，放入黄油慢慢融化。这一步需要轻轻晃动不粘锅，让黄油铺满锅底。

3. 加棉花糖，用刮刀轻轻压拌，让棉花糖慢慢融化，这时会散发出浓郁的香甜味。

4. 棉花糖融化的时候，要用刮刀不停翻拌，防止粘锅。

5. 棉花糖融化后，尽快撒入奶粉，这一步速度要快，因为棉花糖熬太久容易油水分离导致失败。

6. 奶粉拌匀后，倒入去皮的花生，小火状态下再次拌匀后即可关火。

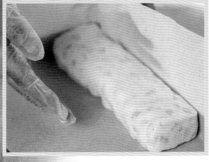

7. 牛轧糖稍微放凉后，放在方形烤盘里利用直角塑形，然后在烤盘里垫一张硅油纸，放入冰箱冷藏 20 分钟。

8. 牛轧糖变硬后，用刀切成小块即可。如果裹上糖纸装入密封罐，可在常温下保存半个月。

缤纷水果茶

扫码边看边学

很多孩子不爱喝水，就爱喝各种饮料。其实很多所谓的果汁饮料，都是勾兑出来的，所以如果有时间的话，可以自己为孩子制作水果茶，遛娃时带着，就不愁孩子不喝水了。

🔲 营养特色

推荐用福建人爱喝的老白茶。小朋友不宜喝茶的，唯独白茶例外，孩子感冒、发热、中暑都可以喝白茶。

食材准备

老白茶
1泡

黄金百香果
2个

小青橘
5个

青柠檬
1个

石榴
1个

红心火龙果
1个

芒果
1个

猕猴桃
1个

西柚
1个

橙
1个

薄荷叶
1片

蜂蜜
适量

可作为孩子的夏日茶饮品，总比喝那些花花绿绿的饮料要好吧。

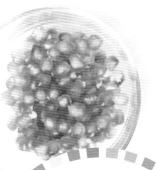

Q爸提示

雪碧加水果这种吃法，Q爸是不太提倡的，只适用于孩子非要喝碳酸饮料的情况，用这种做法引导孩子关注水果，进而接受水果茶。

1. 准备老白茶，第一泡倒掉，第二泡1分钟后倒出茶水，滤去茶叶末。

2. 百香果、小青橘、青柠檬、猕猴桃等水果切薄片，取出石榴籽。

3. 摇杯里加冰块，加一颗百香果汁，以及其他水果片，再加入适量蜂蜜，薄荷叶点缀即可。

4. 另取一杯：百香果汁倒入摇杯，加小青橘，青柠檬片、蜂蜜，即可装瓶。

5. 雪碧果饮：在雪碧中加入青橘、冰块、猕猴桃、石榴籽，最后加一片柠檬装瓶。

野果缤纷杯

扫码边看边学

　　清明过后，乡村的荒田里一般会有很多野草莓和树莓，采草莓可作为踏青主题。和孩子一起用采到的草莓制作一道美味甜品，度过一个欢乐的亲子周末吧。

和孩子一起去采摘并且制作这道美食，应该是父母给孩子上的最好的一堂自然课。

▣营养特色

野草莓营养丰富，每百克鲜果肉中含60毫克维生素C，比苹果、葡萄含量还高。果肉中含有大量的糖类、蛋白质、有机酸、果胶等营养物质，它还是缓和的通便剂。

食材准备

蜂蜜
30克

树莓或野草莓
50克

草莓
100克

猕猴桃
1个

橙子
半个

原味酸奶
150克

淡奶油
150克

Q 爸提示

可以添加不同颜色的水果，
比如芒果、蓝莓，使色彩更加
缤纷。这道甜品可以满足小孩对
"冰淇淋"的喜爱，脂肪和热
量又比冰淇淋低很多，富含
维生素是这道甜品最
大的特点。

1. 树莓或野草莓洗净切瓣，与半个橙子一起打浆，过筛得出鲜红细腻的果浆。猕猴桃切丁。

2. 淡奶油打至八分发，标准就是提起打蛋器的时候奶油呈尖角，不是直角。

3. 把一半的果浆和猕猴桃丁，以及蜂蜜、原味酸奶，一并加入奶油中，简单搅拌两下即可。

4. 将拌好的奶油装入玻璃杯中，为了做出纹路效果，在装奶油的过程中可以适当加入红色果浆。

5. 剩余一个草莓对半切开，等奶油与杯口齐平的时候，将草莓、树莓、猕猴桃点缀在杯口。

第五部分
小食类

备菜时间：15分钟　烹饪时间：45分钟

黄金芝士虾球

扫码边看边学

外壳金黄酥脆、内馅芝香浓郁，既有虾仁的嫩爽，又有土豆外皮的香糯，是一道非常美味的小食。

Q爸提示

炸虾球的时候，一定要控制油温火候，如果油温过高，面包糠都炸黑了，虾球却还没熟。

🔲营养特色

把虾做出这样的花样，而且所有食材都是健康的，唯一缺点在于它属于油炸食品，但只要油是新鲜的且平时不多吃就无妨。

食材准备

糯米粉
100克

鲜虾
300克

土豆
300克

芝士
100克

鸡蛋
1个

面包糠
50克

白胡椒粉
少许

盐
少许

香酥外壳包裹着软糯的土豆泥，搭配里面嫩爽的虾仁，是一道无法抗拒的美食。

1. 鲜虾去头去壳，保留虾尾，焯水片刻，虾仁变红弯曲即可捞出沥干，用盐、白胡椒粉腌制10分钟。

2. 土豆去皮切薄片，大火快速蒸熟，然后装入大碗放凉，碾压成土豆泥备用。

3. 糯米粉用中火炒至微黄，倒入土豆泥中，再加少许盐和白胡椒粉拌匀，等分成10份，揉圆备用。

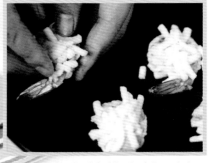

4. 芝士常温下变软后，抓一小把，跟虾仁一起捏成团，虾尾需要露出来。

5. 土豆泥小团用手压扁，放入虾球，包好，揉成个体均匀的圆球，露出整个虾尾。

6. 打一个鸡蛋，虾球表面蘸上蛋液，裹满面包糠，前期准备工作就完成了。

7. 最后是炸虾球：取一锅油，烧至七成热，放入虾球，炸至表面金黄即可。

金枪鱼蔬菜沙拉

扫码边看边学

蔬菜沙拉的清淡和金枪鱼肉混在一起，荤素搭配，让生菜也成为孩子喜欢的食物。

食材准备

生菜
150 克

青柠檬
半个

番茄
1 个

甜豆
6 根

圣女果
若干个

黄瓜
1 截

金枪鱼
60 克

鸡蛋
2 个

芝麻沙拉汁
50 克

沙拉酱
50 克

黑胡椒粉
少许

☐营养特色

蔬菜沙拉是一种非常营养、健康的饮食方式。因为沙拉大多不必加热，它能最大限度地保持住蔬菜中的各种营养不被破坏或流失。

Q爸提示

选择一款美味的沙拉酱和芝麻沙拉汁非常重要，直接决定了整份蔬菜沙拉的味道。

让孩子吃"草"可能是一件比较困难的事，这道蔬菜沙拉正好可以试试。

1. 甜豆去丝后焯水30秒，捞起放凉（水里可加少许油）。小火煮鸡蛋5分钟，捞起放凉。

2. 番茄切瓣，圣女果对切，黄瓜切片（可不削皮），生菜洗净沥干切成两段（不放心的话，生菜可以在沸水里焯一下）。

3. 将切好的蔬菜倒入碗中，加沙拉酱和少许黑胡椒粉，取半个青柠檬挤汁，拌匀。

4. 鸡蛋剥壳切瓣，确保每一瓣都切完整（避免蛋黄散落）放入碗中。

5. 金枪鱼肉稍微捣碎，铺在鸡蛋上面，最后淋一些芝麻沙拉汁就完成了。

金枪鱼土豆沙拉

扫码边看边学

土豆、鸡蛋、胡萝卜这些孩子们平时不太感兴趣的东西，巧妙地做成冰淇淋球的样子，可以激发他们的食欲。

食材准备

土豆	鸡蛋	胡萝卜	黑胡椒粉	金枪鱼肉
150 克	1 个	少许	少许	50 克

把孩子的食量具化到几个土豆沙拉球，可以激发孩子对食物的"征服欲"。

Q 爸提示

可根据孩子的喜好加一些黑胡椒，也可以加其他调味料。

1. 土豆、胡萝卜切片，和鸡蛋放入蒸锅一起蒸熟。

2. 土豆、胡萝卜放入碗里，鸡蛋去壳后一起捣成泥。

3. 加入少许黑胡椒粉拌匀，也可根据个人喜好加少许盐。

4. 用冰淇淋勺挖出5个土豆泥球，装到盘子里。

5. 金枪鱼肉稍微捣碎，铺在土豆泥球上即可。

芝士烤土豆

扫码边看边学

这是土豆的创意吃法，可能孩子们从来没见过，好奇心也会激发食欲。

Q爸提示

土豆一定要选比较圆滚的，才能立起来，否则做出来扁扁的效果差很多。另外，土豆表皮刷油可以让烤出来的土豆皮更硬、更香，有利于整体造型。

食材准备

大土豆
2个

沙拉酱
2勺

切达干酪
1小块

黄油
少许

西兰花
少许

营养特色

土豆、西兰花、奶酪都是比较健康有营养的常规食物，能让孩子开心地吃到肚子里，就是最大的价值。

也可以尝试其他配料如碎肉、煎培根，这样或许会有更多惊喜呢。

1. 用冷水洗净土豆，然后拍干，用叉子把土豆刺满全身，同时烤箱预热到 200 摄氏度。

2. 土豆表皮刷一层油，烤 45 ~ 60 分钟，这时候土豆已经烤到七成熟了。

3. 然后土豆表面再刷一层油，烤到中间变软，表皮颜色变深就算熟了。

4. 小心地把土豆从烤箱里拿出来，在每个土豆顶部切 1 个十字并掰开，但不能掰断。

5. 西兰花焯水沥干，与沙拉酱和黄油混合，刨一些切达干酪，拌匀成蔬菜沙拉。

6. 小心掰开土豆，用小勺子将沙拉填进去，最后在上面撒一些干酪丝即可。

备菜时间：10分钟　烹饪时间：45分钟

爆浆紫薯仙豆糕

扫码边看边学

这个仙豆糕要趁热吃，外皮酥脆，掰开可以感受到浓郁的紫薯香和芝士香，而且还有拉丝效果，是一道非常棒的糕点。

▢营养特色

紫薯和芝士的组合含有人体需要的碳水化合物、蛋白质、膳食纤维等，作为糕点，非常适合给孩子们当点心吃。

Q爸提示

这里一定要用马苏里拉芝士，因为它是淡味芝士，且能出现拉丝效果。

食材准备

低筋面粉
150克

玉米淀粉
60克

淡奶油
适量

马苏里拉芝士
100克

炼乳
适量

糖粉
40克

紫薯
400克

黄油
60克

鸡蛋
1个

这是一道网红小吃，常见于各大景点美食街，老幼皆宜。

1. 紫薯蒸熟捣碎，加适量炼乳和淡奶油拌匀，如果没有炼乳或淡奶油，可以用牛奶和糖代替。

2. 碗里加低筋面粉、玉米淀粉、糖粉拌匀，再加黄油和一颗鸡蛋，揉成面团。

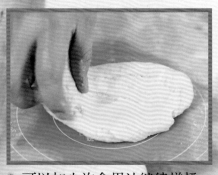

3. 可以加少许食用油继续搓揉，然后放到案板上撒上面粉防黏，面团继续搓揉5分钟。

4. 接下来准备内馅，舀一勺子紫薯泥，捏薄，塞入适量芝士，包成圆球，一共包8个。

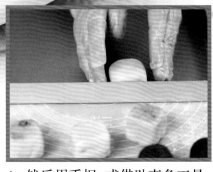

5. 把面团也分成8份，每份大概40克，然后擀面皮，包在紫薯球外面。

6. 然后用手捏，或借助直角工具，做成正方体形状，为了更加方正，可以借助一些工具。

7. 平底锅加少许油，小火加热，放入方块，每一面煎至微焦，频繁翻动，大概需要3分钟。

备菜时间：20 分钟　烹饪时间：45 分钟

桂花糖莲藕

扫码边看边学

　　白胖的莲藕被糯米塞得鼓鼓的，经过熬煮，变成酱红色，在锅里"咕嘟、咕嘟"冒着热气。将莲藕切片再整齐码盘，淋上金黄诱人的桂花糖，仿佛连空气都变得甜糯。

食材准备

莲藕
2 段

红糖
100 克

糯米
75 克

冰糖
75 克

桂花糖
少许

桂花
适量

□营养特色

在块茎类食物中，莲藕含铁量较高，对缺铁性贫血的孩子颇为适宜。莲藕的含糖量不算很高，又含有大量的维生素C和膳食纤维，且富含植物蛋白和铁、钙等矿物质，有助于增强孩子免疫力。

1. 莲藕刮皮洗净，从藕孔一端约2 厘米处将藕切开，糯米提前浸泡 1 小时以上，塞进莲藕里压实。

2. 切开的藕盖也塞入一些糯米，插上牙签固定住，防止糯米在熬煮过程中溢出。

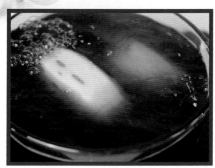

3. 准备一锅热水，倒入红糖，然后放入莲藕，大火煮开后改中火煮 1 小时。

一般在餐厅酒楼里才能吃到，原来自己做也并不太费事，冰箱冷藏后切片，风味更佳。

Q爸提示

莲藕要买外形饱满、藕节间距长的，不要挑选那些白白净净的，而要选择那些颜色自然的莲藕，黄白相间，白的比较多的莲藕。

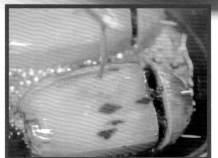

4. 加冰糖，中小火继续煮1～2小时，煮到锅里还剩下一些浓稠的汤汁就可以了。

5. 莲藕出锅，装入大碗中，淋上剩余的汤汁，盖上保鲜膜冷藏1～2小时。

6. 取出切成5毫米左右的薄片，装盘，淋上桂花糖，最后点缀一些新鲜采来的桂花就可以了。

备菜时间：5分钟　烹饪时间：15分钟

扫码边看边学

日式芝士豆腐

5分钟就能吃到的美味，零厨艺基础也能完全搞定，芝士控千万别错过！

让简单的一块豆腐，吃出不同的层次感，给孩子当早点非常不错。

▣营养特色

豆腐富含优质蛋白，还是补充钙、镁的良好来源。豆腐的营养价值与牛奶相近，对因乳糖不耐症而不能喝牛乳的小朋友而言，豆腐是极好的食品。

食材准备

海苔肉松
30克

黑胡椒粉
少许

芝士
2片

内酯豆腐
1盒

生抽
少许

Q 爸提示

这道豆腐一定要趁热吃，因为芝士放凉了就会变硬。另外，一定要选用内酯豆腐，比较嫩，如果是其他的卤水豆腐或石膏豆腐，口感较老，孩子可能就不爱吃了。

1. 取出内酯豆腐，倒扣在浅盘上，这个过程要细心，尽量取出完整方正的豆腐。

2. 用厨房纸吸去表面水分，是因为内酯豆腐水分较多，防止后面的芝士吸水。

3. 豆腐上覆盖两片芝士，放入微波炉，高火2分钟，芝士融化并盖住豆腐。

4. 芝士表面撒少许黑胡椒粉，在豆腐周边淋少许生抽，最上面铺一些海苔肉松。

5. 也可以把儿童肉松铺在上面，如果喜欢皮蛋，也可以加一点进去，风味更佳。

备菜时间：15分钟　烹饪时间：60分钟

披萨

扫码边看边学

当你从烤箱捧出这么一个大披萨的时候，孩子一定会赞美你。烤好后记得趁热吃，饼底酥脆，芝香浓郁，可以美美地吃一顿。

食材准备

温水
110克

橄榄油
20克

高筋面粉
140克

低筋面粉
60克

酵母
2克

细砂糖
10克

盐
1克

蘑菇
适量

马苏里拉芝士
100克

鲜虾仁
100克

红椒
适量

培根
2片

洋葱
适量

披萨酱
20克

黑橄榄
少许

□营养特色

这道披萨原料丰富，有面粉、鲜虾仁、培根、蘑菇等，既能补充充足的碳水化合物，又能提供人体所需的多种营养物质。

Q爸提示

1.面团发酵一定要到位，喜欢薄底的可以减少用料，或者买现成的饼底。

2.蔬菜不能太多，最好要脱水或炒干，因为水分太多会导致芝士不能拉丝。

披萨的精华在于奶酪，做披萨一定要用马苏里奶酪，拉丝柔韧，奶香浓郁。

1. 将酵母、糖、盐溶于温水，倒入高筋和低筋面粉中，揉面，加橄榄油揉到面团表面光滑。

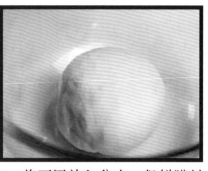

2. 将面团放入盆内，保鲜膜封住，30℃温暖环境下发酵90分钟，或放入烤箱发酵模式40分钟，直到面团发到两倍大。

3. 洋葱、红椒切成细圈，蘑菇切薄片，培根切成小块，虾仁开背，然后放入炒锅炒掉一些水分，干爽的馅料可以让芝士有更好的拉丝效果。

4. 面团发好后，重新揉一遍，排掉面团里的气体，披萨盘刷一层油，把面团放入，摊平，形成四周厚中间薄的披萨饼底。

5. 用叉子戳满小洞，进一步排气，这样可以防止饼底烤制时膨胀太厉害。

6. 刷一层披萨酱，铺上芝士及其他馅料，最后在表层铺一层芝士，披萨饼的四周再刷油。

7. 烤箱上下火220℃预热3分钟，披萨放入中层烤15分钟左右，烤至表面金黄微焦。

第六部分
烘焙类

葡式蛋挞

扫码边看边学

这是最简单的葡式蛋挞做法，新手制作成功率也接近100%，偶尔给全家人做一打，也是非常不错的，味道、口感完全不输餐厅里的，甚至更好。

蛋挞制作简单，可以引导孩子完成大部分操作，能让孩子从中学到基础的烘焙知识。

🔲营养特色

鸡蛋和牛奶的营养价值都非常高，几乎含有人体必需的所有营养物质，如蛋白质、脂肪、卵磷脂、维生素和铁、钙等，是孩子成长发育中不可或缺的食物。

食材准备

鸡蛋
2个

淡奶油
180克

细砂糖
30克

牛奶
120克

蛋挞皮
12个

炼乳
适量

Q爸提示

由于这个蛋挞皮及配料本身的热量已经比较高了，并且有炼乳，所以糖可以尽量少放一些。甜味淡一点，奶香、蛋香会显得更加浓郁。

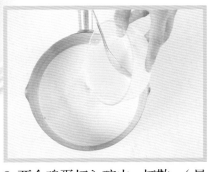

1. 汤锅中倒入牛奶、淡奶油，加细砂糖以及适量炼乳，轻轻搅拌均匀。小火加到温热，帮助完全溶化。

2. 两个鸡蛋打入碗中，打散。（最好是使用1个全蛋1个蛋黄的比例，但为了不浪费1个蛋清，我这里使用了两个全蛋。）

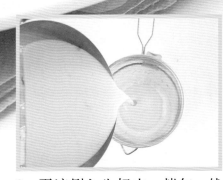

3. 蛋液倒入牛奶中，拌匀，然后用细筛过滤一遍，这个过程至少重复一次，去除蛋筋和气泡，滤出丝滑无颗粒的蛋液。

4. 烤箱200℃预热3分钟，烤盘中摆好12个蛋挞皮，可以直接放在烤盘上，蛋液倒入挞皮中，九分满。

5. 放入烤箱，上下火200℃，中层或中下层，烘烤25分钟左右，直到蛋挞表面出现焦糖色黑点，挞皮变成金黄色，即可出炉。

流心芝士挞

扫码边看边学

趁热用刀切开芝士挞，乳白色的流心芝士就流出来，在嘴里感受丝滑、香甜浓郁的口感，这是普通蛋挞不能比拟的，一定会成为大人、小孩的心头最爱。

要趁热吃，趁热体验，因为刚出炉的挞馅是热乎的、流动的，冷却后就会凝固，但也需注意不要烫伤哦。

□营养特色

营养主要来自牛奶、奶酪和鸡蛋中的蛋白质。要注意本品的热量也会偏高一些，不宜多食。

食材准备

挞皮材料

无盐黄油	细砂糖	鸡蛋	低筋面粉	盐
90克	35克	1个	150克	少许

挞馅材料

奶油奶酪	鲜牛奶	淡奶油	细砂糖	玉米淀粉	柠檬汁
180克	30克	100克	60克	5克	少许

1. 黄油室温融化，加入糖和盐拌匀，用电动打蛋器中速搅打，直到黄油膨胀，呈现羽毛状，可以看见细腻的纹路。

2. 鸡蛋打散搅拌成糊。低筋面粉过筛，加到打发的黄油中，压拌均匀，直到无干面粉状态，揉成面团，盖上保鲜膜发酵15分钟。

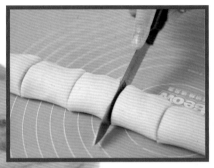

3. 面团等分成8份，揉成圆球，然后稍微压成厚度适中的圆形面皮，装入模具中，用叉子在挞皮上戳满小孔，目的是防止内部有空气，烘烤后挞皮会膨胀。

4. 烤箱上火150℃，下火180℃预热10分钟，将挞皮放在中下层，烘烤15分钟。烤出放凉后，可以把挞皮从模具中取出备用。

5. 奶油奶酪室温下软化，拌成糊状，倒入淡奶油和鲜牛奶，中速打散，然后加入细砂糖和玉米淀粉、柠檬汁充分翻匀，形成冰淇淋状芝士馅。

6. 将芝士馅装入裱花袋中，剪一个开口，然后挤到已经烤好的挞模中，芝士馅表面用小刀整理平滑，放入冰箱冷冻2小时，目的是为了让芝士馅表皮冻硬。

7. 烤箱上火210℃，下火150℃预热3分钟，取出冻硬的芝士挞，表面刷一层蛋黄液。为了防止挞皮周边烤焦，可以在边缘处刷一些清水。

8. 芝士挞放入冰箱中下层烤8~10分钟，以表面金黄色为准。这个过程一定要仔细观察，切不可烘烤过度，否则内馅就会凝固了。

草莓蛋糕卷

扫码边看边学

这个蛋糕卷又叫"小四卷"，很多材料的用量都带有四，因此很好记，是一道家庭版的快手蛋糕。

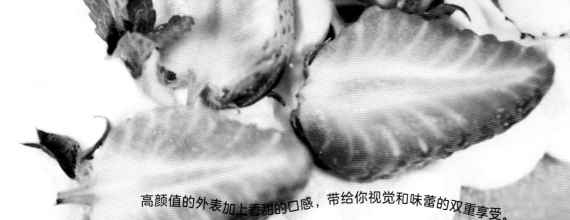

高颜值的外表加上香甜的口感，带给你视觉和味蕾的双重享受。

□营养特色

鸡蛋、牛奶、草莓做的蛋糕，是完全符合孩子日常饮食营养要求的，虽然奶油热量高，但使用优质动物奶油，孩子适量吃一些也无妨。

食材准备

草莓
150 克

鸡蛋
4 个

食用油
40 克

牛奶
40 克

白砂糖
40 克

低筋面粉
40 克

奶油
300 克

白砂糖
24 克

Q爸提示

这道蛋糕卷的难点在于：①打发的蛋清与蛋黄糊翻拌动作，翻的时候有压，可以仔细观摩视频里的讲解。②打发蛋清和奶油时，白糖都是分3次加入的。③卷蛋糕卷的时候用擀面杖。

1. 分离鸡蛋的蛋黄和蛋清，装蛋清的盆必须无油无水。

2. 将牛奶和食用油倒入蛋黄中，将面粉过筛到蛋黄中，用手动蛋抽搅拌至无干粉状态。

3. 白砂糖分3次倒入蛋白中打发至湿性发泡，蛋清取1/3与蛋黄糊翻拌均匀，将剩余的翻拌均匀。

4. 烤盘里垫上油纸，倒入混合好的蛋糕糊，放入烤箱中下层，上下火150℃烘烤15分钟左右。

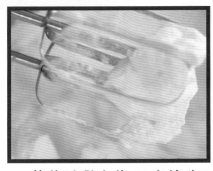

5. 等待过程中将24克糖分3次加到奶油中，打发至干性发泡。一定要分3次，这个步骤不能偷懒。

6. 奶油均匀地抹在冷却的蛋糕胚上，末端剩余1厘米左右不抹，将切好的草莓丁放在蛋糕上做夹心，在草莓上覆盖一层奶油。

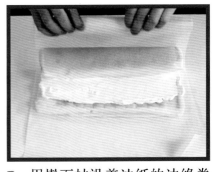

7. 用擀面杖沿着油纸的边缘卷起，切除两端不平整的边缘，蛋糕卷上面挤一层奶油做装饰，最后铺上草莓。

榴莲千层

扫码边看边学

绵密的榴莲肉外加新鲜、甜甜的奶油，浓郁的奶香着实让人心动，吃一口就忍不住再吃一口，幸福感爆棚。

□营养特色

榴莲能为孩子提供多种氨基酸，提高身体免疫力，且它所含的膳食纤维能促进肠蠕动，但榴莲燥热，不宜多吃，适合做成甜品。

食材准备

Q爸提示

做千层饼皮的时候，一定要先确保煎锅放凉，并均匀加热，这样饼皮才不会部分发焦。且榴莲肉一定要新鲜才能做出最好的效果。

 牛奶 275克

 细砂糖 78克

 淡奶油 600克

 榴莲适量（看个人喜好）

 鸡蛋 2个

 低筋面粉 100克

 黄油 30克

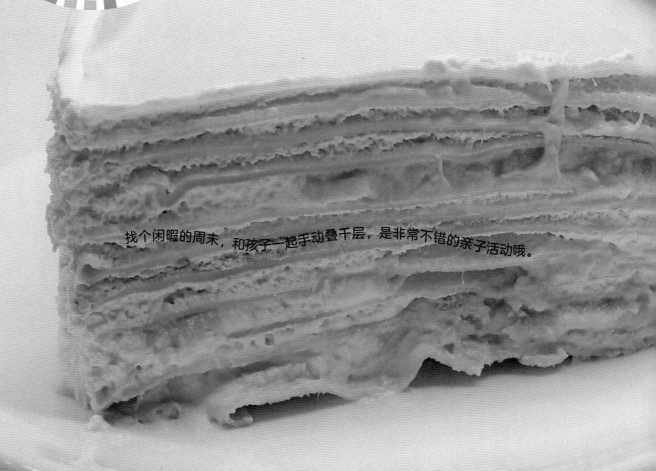

找个闲暇的周末，和孩子一起手动叠千层，是非常不错的亲子活动哦。

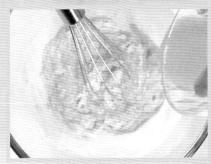

1. 两个鸡蛋加糖打匀，低筋面粉过筛，搅拌至无干粉状态，加入液化好的黄油，继续搅拌。

2. 将牛奶分成两次加入，第一次加入少量避免出筋，千层饼皮液体进行过滤。

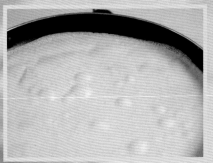

3. 平底锅小火加热，倒入一勺千层饼皮液体，晃动小锅直至均匀，煎到表皮冒出小泡即可。

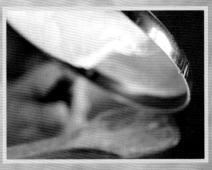

4. 用锅铲沿边缘微微挑起，将锅翻转，皮会自动脱落，使用此方法连续煎10~13张。

5. 淡奶油加20克糖打发，榴莲肉搅均匀。准备好一个转盘，转盘底部可以垫一张毛巾，避免滑动。

6. 将蛋糕托放在转盘上，先放一点奶油，避免千层底跑动，放上适量的奶油之后，用刮刀磨平，再加入另外一层皮。

7. 以同样的方法叠两到三层后，加榴莲肉。同样的方法，每隔一两张皮加入榴莲肉，直至材料用完。

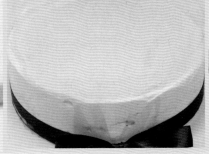

8. 可使用透明慕斯围边，将蛋糕围起来，绑上一条丝带稍加装饰，一个榴莲千层就做好了。

9. 放入冰箱冷藏2~3小时，切件即可享用。

芒果慕斯

扫码边看边学

不用烤箱也能做出来的生日蛋糕！家里没有烤箱，没有特别的烘焙工具，也可以做出精致美味的"蛋糕"。

低门槛体验烘焙乐趣，搞定全家人的生日，值得每个家庭尝试。

□营养特色

芒果慕斯用了大量芒果，所含胡萝卜素含量特别高，有益于宝宝视力发育，另外芒果含有营养素及维生素C、矿物质等，是很有益的"热带水果之王"。

食材准备

芒果	饼干	奶油	黄油	白砂糖	吉利丁
500克	100克	500克	50克	55克	2片

1. 半锅水烧至 50 ~ 60℃，黄油隔水融化，饼干用料理机打成粉，将打好粉的饼干与黄油混合，搅拌至无干粉状态。

2. 准备好一个 6 寸的圆形模具，用油纸剪出圆形垫纸，把混合好的饼干倒入模具压实，放入冰箱冷藏备用。

3. 吉利丁放入冷水中软化，捞出后隔水化成液态。将白糖与芒果混合打成果浆，将液态吉利丁倒入芒果浆中搅匀。

4. 打发250克奶油至六分发的状态，取 1/3 淡奶油与芒果浆翻拌均匀，将剩余的奶油与芒果浆混合均匀。

5. 从冰箱取出饼干底，倒入 1/2 混合好的芒果浆，取一部分芒果丁放入中间作夹心；剩余芒果浆全部倒入，整平，冰箱冷藏4小时。

6. 取出芒果慕斯，用火枪沿着模具外围烧热（或毛巾热敷）；脱出慕斯胚，抽出底部油纸，把慕斯放在盘子上。

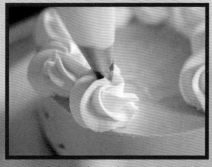

7. 剩余的淡奶油加20克白糖打发，用六齿玫瑰花嘴，沿着慕斯边缘挤一圈玫瑰造型，最后用芒果丁装饰、薄荷叶点缀。

杂粮芝士欧包

扫码边看边学

在中国，这是"网红欧包"，它表皮硬或脆，内部有韧性、有嚼劲，吃的时候有撕扯的感觉，麦香醇厚。

🔲 营养特色

这款欧包个头大，分量足，具有低糖、低油、低脂肪、高纤维的特点，注重谷物的天然原香，加上有鸡蛋、芝士、坚果，营养比较全面。

食材准备

高筋面粉
280 克

全麦粉
200 克

全蛋液
60 克

燕麦片
40 克

红糖
120 克

黄油
30 克

酵母
8 克

盐
6 克

水
240 克

芝士
300 克

细砂糖
11 克

蔓越莓干
适量

杏仁片
适量

黑芝麻
适量

蜂蜜
适量

1. 往打蛋盆加盐，加入混合好的高筋面粉及全麦粉，加红糖和打散的全蛋液。

2. 酵母倒在打蛋盆的边缘，尽量不与红糖接触，加入水。

3. 放到厨师机中打到出筋状态，往外拉升会有一定的劲道。

4. 加入燕麦以及黄油，继续搅打至扩展阶段，可以拉升到一定程度为止。

5. 面团放入烤箱中，以40℃的发酵状态，发酵至两倍大。

6. 将奶油奶酪加入糖，用打蛋器打至蓬松的状态，蔓越莓干切碎加入奶油奶酪中，搅拌均匀。

Q爸提示

如果没有厨师机，想做面包是有些难度的，除非你有足够的臂力和耐心，才能揉出合适的面团，不过这种活可以扔给爸爸哦。

7. 发好的面团均分为3份，用擀面杖将面团擀成牛舌状，在中间夹入芝士，从头往下卷起。

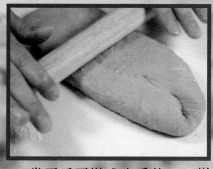

8. 卷平后再擀成牛舌状，一样从头往下卷起，将面团整形，整成橄榄核状。

9. 用锋利的刀片在面团上割四五刀，蜂蜜加少量水，搅拌均匀备用。

口感没有那么精致细腻，但嚼起来有面包的香味，是一款适合全家老少的主食面包。

10. 用刷子蘸着蜂蜜水，刷在面包表面，有利于烘烤后着上焦糖色，并撒上杏仁片以及黑芝麻。

11. 再次放入烤箱以40℃再次发酵，发酵到大约两倍大，用手指头搓一个小孔，不会马上恢复的状态。

12. 烤箱180℃预热10分钟，再将面包放入烤箱中，以180℃烤18分钟，烤至表面上色、表皮酥脆即可。

夏威夷果仁曲奇

扫码边看边学

　　这是一道家庭版曲奇的做法，做好后可以装入饼干袋里，便于保存，随时给孩子食用。如果不喜欢坚果的，可以加入蔓越莓干，这也是市面上比较常见的曲奇饼干。

根据孩子的口味制作，如果有真空包装设备，就可以囤起来慢慢吃，不用买饼干啦！

□营养特色

曲奇里的坚果种类可以自由选择，想吃什么就加什么，营养按需搭配。自制曲奇加一杯牛奶或果汁，是给孩子一道很好的点心。

食材准备

糖粉 30克	中筋面粉 140克	香草香精 2克	夏威夷果仁 50克	扁桃仁 30克	黄油 150克	鸡蛋 1个

Q爸提示

黄油融化的时候，不能直接加热融
成液态，需要在常温下融成糊状，
再跟其他配料搅拌，这样才能保证
曲奇酥脆口感。

如果嫌冷藏三四个小时太久，也可
以速冻20分钟，只要形状变硬方
便切块即可，切片以0.5厘米为宜。

1. 黄油常温融化，加糖粉拌匀，再加鸡蛋和香草香精拌匀。

2. 中筋面粉过一遍筛，加入到蛋液中，充分拌匀。

3. 夏威夷果仁剥壳和扁桃仁压碎，加到面糊里拌匀。

4. 充分搓揉，揉成扁长型，用保鲜膜包裹冷藏3～4小时。

5. 然后切成0.5厘米厚的片，并排放在烤盘上。

6. 放入烤箱150℃烤15~20分钟，直到表面微黄即可。

重芝士蛋糕

扫码边看边学

　　重芝士蛋糕是相对轻芝士而言的，其奶油、奶酪含量更高，吃起来口感较浓郁醇厚。相比较轻芝士蛋糕，重芝士蛋糕成功率更高一些，可以作为芝士蛋糕的入门款。

1. 黄油隔水融化，用料理机把饼干打成粉状，黄油跟饼干混合在一起，让粉末充分吸收黄油，有助于做造型。

2. 使用8寸模具将底拿出来，用油纸沿着底剪一个底膜，混合好的黄油跟饼干放入模具，填平，压实后放入冰箱备用。

3. 锅里放水，将奶油奶酪放到水里面隔水加热，加糖混合，这个步骤可以用刮刀先压一下，再搅拌到无颗粒状态。

食材准备

玛利亚饼干
140 克

玉米淀粉
28 克

Q 爸提示

毕竟是蛋糕，需要准备的材料多，制作过程比较繁杂，但没有太大的难度，唯一需要注意的是，一定要细心、耐心，按部就班，这样才能做出一份漂亮的重芝士蛋糕。

奶油奶酪
380 克

淡奶油
590 克

柠檬汁
45 克

朗姆酒
20 克

鸡蛋
4 个

细砂糖
140 克

黄油
70 克

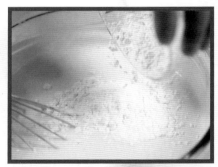

4. 取 290 克的淡奶油，加柠檬汁混合制成酸奶油，与奶油奶酪混合均匀，全蛋液分 3~4 次加入，再先后加入 20 克朗姆酒、300 克淡奶油、28 克过筛好的玉米淀粉混合均匀。

5. 使用另一个容器将我们混合好的液体进行过滤，然后把刚刚准备好的模具拿出来，将我们混合好的液体倒入模具当中，留少量液体。

6. 将留下的少量液体加入巧克力酱调色，调好的巧克力酱跟奶油倒入裱花袋，剪一个小小的口，放在模具上面打圈，一般 4~5 圈即可。

这种重芝士口感浓郁醇厚，与众不同，一吃就忘不掉。

7. 使用牙签从中间向外划，挑出花纹，密度可根据自己的审美喜好自行决定。

8. 烤箱180℃预热10分钟，用锡纸将模具底部包裹住，避免渗水，放入烤盘加水加至七分满。

9. 放入烤箱使用180℃中下火烤40分钟，然后转150℃再烤40分钟。

10. 烤好后不要将蛋糕拿出来，放在烤箱中冷却，完全冷却好的芝士蛋糕体，放入冰箱定型。

11. 定型好的蛋糕在桌面滚几圈，中间放一个杯子，从上往下压就可以使蛋糕脱模。

12. 切的过程中可以用烘枪或者电吹风把刀具加热，这样切出来的蛋糕会更加平整。